北京时代华文书局

图书在版编目（CIP）数据

当诗词遇见科学：全20册 / 陈征著 . — 北京：北京时代华文书局，2019.1（2025.3重印）
ISBN 978-7-5699-2880-8

Ⅰ. ①当… Ⅱ. ①陈… Ⅲ. ①自然科学－少儿读物②古典诗歌－中国－少儿读物 Ⅳ. ①N49②I207.22-49

中国版本图书馆CIP数据核字(2018)第285816号

拼音书名｜DANG SHICI YUJIAN KEXUE：QUAN 20 CE

出 版 人｜陈 涛
选题策划｜许日春
责任编辑｜许日春 沙嘉蕊
插 图｜杨子艺 王 鸽 杜仁杰
装帧设计｜九 野 孙丽莉
责任印制｜訾 敬

出版发行｜北京时代华文书局 http://www.bjsdsj.com.cn
北京市东城区安定门外大街138号皇城国际大厦A座8层
邮编：100011 电话：010-64263661 64261528
印 刷｜天津裕同印刷有限公司
开 本｜787 mm×1092 mm 1/24 印 张｜1 字 数｜12.5千字
版 次｜2019年8月第1版 印 次｜2025年3月第15次印刷
成品尺寸｜172 mm×185 mm
定 价｜198.00元（全20册）

自 序

一天，我坐在客厅的沙发上，望着墙上女儿一岁时的照片，再看看眼前已经快要超过免票高度的她，恍然发现，女儿已经六岁了。看起来她一直在身边长大，可努力搜索记忆，在女儿一生最无忧无虑的这几年里，能够捕捉到的陪她玩耍，给她读书讲故事的场景，却如此稀疏……

这些年奔忙于工作，陪孩子的时间真的太少了！

今年女儿就要上小学，放眼望去，小学、中学、大学……在永不回头的岁月中，她将渐渐拥有自己的学业、自己的朋友、自己的秘密、自己的忧喜，直到拥有自己的家庭、自己的人生。唯一渐渐少了的，是她还愿意让我陪她玩耍，给她读书、讲故事的时间……

不能等到孩子不愿听的时候才想起给她读书！这套书就源自这样的一个念头。

也许因为我是科学工作者，科学知识是女儿的最爱，她每多了解一个新的科学知识，我都能感受到她发自内心的喜悦。古诗词则是我的最爱，那种“思飘云物动，律中鬼神惊”的体验让一个学物理的理科男从另一个视角感受到世界的美好。当诗词遇见科学，当我读给孩子，这世界的“真”“善”与“美”如此和谐地统一了。

书中的科学知识以一个个有趣的问题提出，目的并不在于告诉孩子答案，而是希望引导孩子留心那些与自然有关的细节，记得观察生活、观察自然；引导孩子保持对世界的好奇心，多问几个为什么。兴趣、观察和描述才是这么大孩子的科学教育应该做的。而同时，对古诗词的赏析，则希望孩子们不要从小在心里筑起“文”与“理”之间的高墙，敞开心扉去拥抱一个包括了科学、文化和艺术的完整的世界。

不得不承认，这套书选择小学语文必背的古诗词，多少还是有些功利心在其中。希望在陪伴孩子的同时，也能为孩子的学业助一把力。

最后，与天下的父母共勉：多陪陪孩子，趁着他们还没长大！

目 录

唐 罗隐

fēng
蜂

bú lùn píng dì yǔ shān jiān wú xiàn fēng guāng jìn bèi zhàn
不论平地与山尖，无限风光尽被占。

cǎi dé bǎi huā chéng mì hòu wèi shuí xīn kǔ wèi shuí tián
采得百花成蜜后，为谁辛苦为谁甜？

释词

1 山尖：山峰。

2 甜：指醇香的蜂蜜。

译文

蜜蜂可以说是世间最辛勤、最可爱的小动物啦。无论是平地还是山峰，只要有鲜花盛开，它们便会兴高采烈地跑过去占领，不遗余力地采蜜。然而，令我不解的是，它们如此辛勤地采尽百花，兢兢业业地酿蜜，最终又是在为谁忙碌、为谁酿造醇甜的蜂蜜呢？我望着这群飞来飞去的蜜蜂，陷入了沉思。

蜂蜜是怎么来的？

许多人会以为蜂蜜就是花蜜，其实它们是不同的东西。

花蜜是花朵分泌的一种甜糖水，它是为了报答蜜蜂、蝴蝶们帮助它传粉而给的一点小报酬。蜂蜜则是蜜蜂把花蜜采集回去以后再加工形成的。

蜜蜂是一种社会性的动物，它们喜欢分工协作，在酿造蜂蜜时也不例外。外勤蜂负责寻找花朵，吸取花蜜，把花蜜装在蜜囊里带回蜂巢，然后交给负责酿造蜂蜜的内勤蜂。

内勤蜂把花蜜吐在嘴边，形成许多小泡泡，然后不停地扇翅膀鼓风让花蜜里的水分蒸发。这个过程很像人做糖时把糖水中的水分熬干的过程。不过在内勤蜂反复吞吐花蜜的过程中，蜜蜂体内的消化酶混入了花蜜，把花蜜里的蔗糖分解成了更容易让人吸收的果糖和葡萄糖。所以蜂蜜的主要成分和花蜜不同，蜂蜜里百分之七八十都是果糖和葡萄糖,而花蜜中则更多含有的是蔗糖。

当蜜的水分蒸发得差不多，变成黏黏的样子，蜜蜂就会用蜂蜡把蜜封存在蜂巢里。蜜被人们从蜂巢里取出来后，再经过各种加工，就成了我们经常能够吃到的美味的蜂蜜。

蜜蜂采蜜非常辛苦，每酿造一公斤的蜂蜜，需要蜜蜂飞几万次，采集上百万朵花。这种美味来之不易，所以千万不要浪费。

蜜蜂是怎么生活的？

蜜蜂通常是一大群生活在一起，虽然它们看起来漫天飞舞，但实际上它们之间有着非常严密的组织和分工，能够有条不紊地工作和生活。

蜜蜂的食物是花粉和花蜜。通常蜂群会派出一些蜜蜂出去寻找花朵，找到后它们会回到蜂巢附近跳起 8 字型的舞蹈，告诉其他蜜蜂怎么找到那些花朵，然后大部队再出发去采蜜。

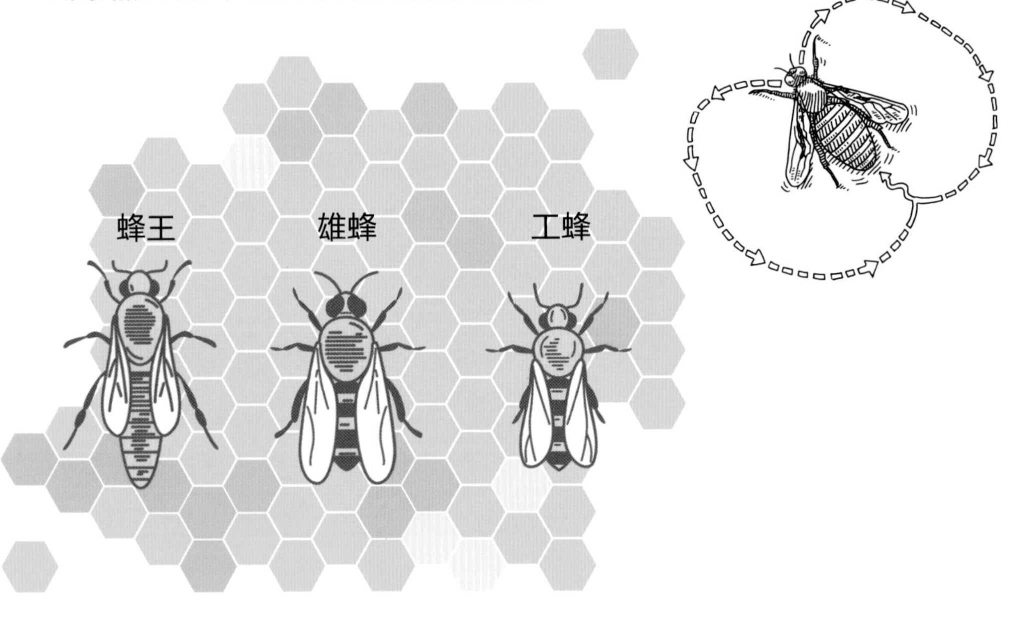

蜜蜂住的蜂巢是由密密麻麻的小六边形排在一起组成的房子。这种小房子的结构很科学，因为能够在平面里紧密排列的图形只有三角形、正方形和六边形，而六边形是在材料相同的情况下内部空间最宽敞的一种结构。蜂群就在这种小房子里繁衍后代，哺育幼虫。

蜜蜂的生命很短暂，除了蜂王能活几年以外，普通的蜜蜂只有几个月的寿命。它们通常不会蜇人，除非它们感觉到非常危险，才会蜇人来保护自己，不过一旦蜇人，它们就会死去。

蜜蜂是人类的好朋友，我们尽量不要伤害它们。

唐 杜牧

shān xíng

山行

yuǎn shàng hán shān shí jìng xié
远上寒山石径斜，

bái yún shēng chù yǒu rén jiā
白云生处有人家。

tíng chē zuò ài fēng lín wǎn
停车坐爱枫林晚，

shuāng yè hóng yú èr yuè huā
霜叶红于二月花。

释词

1 远上寒山：登上远方深秋时节的山。

2 石径：铺满石子的小路。

3 生处：在生成白云的地方。

4 坐：因为。

5 红于：比……更红。

译文

深秋时节，我顺着曲曲折折碎石铺就的小路，登上远方的群山。极目远眺，我发现生成白云的地方，竟然有人家。因为太喜爱深秋枫林的晚景了，所以我下轿来驻足观望。枫叶经过秋霜浸染后，竟然比二月鲜艳的春花更红。

枫叶为什么会变红?

树叶中含有许多不同的色素，比如叶绿素、胡萝卜素、花青素等。其中植物光合作用主要依靠的叶绿素是绿色的；胡萝卜素则是黄橙色的，因此它有时也被叫作叶黄素；而花青素则是一种很有趣的色素，它在碱性环境里是蓝紫色，而到了酸性环境里则会变成红色。

春、夏时节，树叶中的叶绿素含量比其他色素高很多，所以树叶看起来就是绿色的。而当秋天到来、气温降低的时候，树叶中的叶绿素不断减少，在即将凋落之前几乎不再产生叶绿素，这时其他色素的颜色就会表现出来。大多数树叶在秋天会变黄，是因为叶绿素消失后，胡萝卜素的黄橙色被显现出来。

而枫叶和有些植物含有不少花青素，同时它们的细胞液又呈现酸性。在天气变冷叶绿素逐渐消失的时候，在酸性细胞液里变红的花青素成了叶子颜色的主要来源，于是叶子看上去就变成了红色。

古代的车长什么样子？

几千年前，人类发现把圆形的轮子装在架子上，能把运送人或货物的效率提高很多，于是就发明了车。车的发明大大提高了人的生产能力，对人类文明的进步产生了巨大的推动作用。

传说中国最早发明车的人是黄帝，或是《左传》里记载的夏代早期一个叫溪仲的人；而实际的出土文物则证明，最晚到殷商时期，中国的车已经比较成熟。欧洲和中东地区甚至发现了更早的考古证据，证明在距今五六千年前，人类就已经有了车这种工具。

今天的车材料更坚固，结构更精密、复杂，利用的机器动力更加强大。然而从基本结构上看，现代的车和古代的车并没有太大区别，都是在车厢下面安装了或多或少的轮子。

古代的车多用牛、马、羊等畜力来拉，因为那时还没有今天汽车、火车上的转向结构，四轮车的转向很不容易，所以古代使用的更多是两轮车。

特别值得一提的是，中国古代对车的研究很丰富和深入。除了改进和完善车轮、车轴、车辕、车厢等零部件，还对车的规格、制作工艺等制定了许多标准。东汉以后出现的不论怎么转向都指向出发时方向的指南车，以及走过一定距离就击鼓报告里程的记里鼓车，都是中国古代在车辆方面具有很高水平的证明。

唐 杜牧

qīng míng
清明

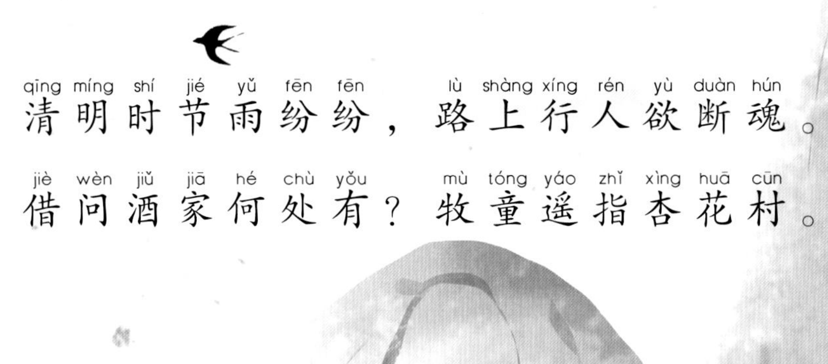

qīng míng shí jié yǔ fēn fēn，lù shàng xíng rén yù duàn hún。
清明时节雨纷纷，路上行人欲断魂。

jiè wèn jiǔ jiā hé chù yǒu？mù tóng yáo zhǐ xìng huā cūn。
借问酒家何处有？牧童遥指杏花村。

释词

1 清明：二十四节气之一，在公历四月五日前后，伴有扫墓、踏青、插柳等民俗活动。

2 欲断魂：神情凄迷，形容感伤之深重。

3 借问：请问。

4 杏花村：地名。因此诗流芳百世，后人多用“杏花村”作酒店名。

译文

又到了一年一度的清明时节。天公似乎也在为世间的生老病死，飘洒出几滴忧伤的雨，纷纷扬扬。路上的行人想起先祖亲人，泪水在眼眶里打转，愁眉不展，神情凄迷，十分感伤。我触景生情，想借酒浇愁，便向一个身穿蓑衣的牧童问道：“小童子，你可知哪里有酒家啊？我想喝碗酒，顺便躲一躲雨。”牧童摸摸头，往远处指了指，“就在前面。”我朝他指的方向一望，“哦，原来杏花村就在眼前啊。”

清明时节为什么会下雨？

在《春夜喜雨》中我们知道，下雨是来自海上的暖湿气流遇到了来自北方的冷空气，暖湿气流被冷空气托上高空温度降低，其中的大量水蒸气凝结成雨滴，从空中落下而形成的。也就是说，在冷暖空气相遇的锋面上才会下雨，那么为什么冷暖空气总是在清明时节相遇呢？在所有地方都这样吗？

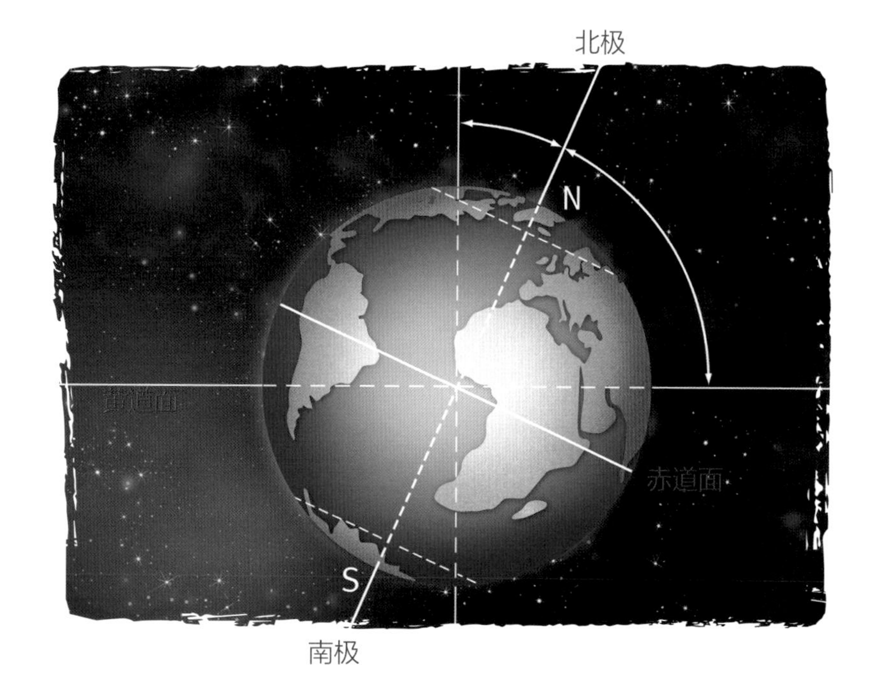

地球在围绕太阳公转的同时也在自转，而且自转的赤道面和公转的黄道面还有一定的夹角，这造成地球上受到太阳直射的地方在南北回归线之间有规律地来回移动，从南中国海、印度洋北上而来的暖湿气流也随着太阳直射点的移动规律变强变弱。就像大海涨潮退潮一样，随着暖湿气流的强弱变化，它们和来自北方的冷空气相遇的锋面也会比较有规律地南北移动。

每年清明节前后，冷暖空气常常会在中国南方地区准时相遇，遵守“清明时节雨纷纷”的规律。不过对于广大的中国北方地区而言，这个规律常常不准，要等到暖湿气流再强大一些，冷暖空气相遇的锋面继续向北移动才会下雨。

酒是怎么酿出来的？

酿酒是一门古老的技艺，世界上的许多民族都有着悠久的酿酒历史。河南漯河贾湖村的考古发现证明，中国的先民早在八九千年前的新石器时代就已经掌握了酿酒的技术。

酿酒是把水果、高粱、米等富含糖类物质的原料进行发酵，最终把糖类分解成酒精和二氧化碳的过程。这个过程需要许多微生物来帮忙，我们把这些微生物叫作酒曲。酒曲中的微生物有许多种，有些负责分泌淀粉酶来把淀粉、蔗糖这些大分子的糖类变成小分子的单糖，另一些则负责分泌酒化酶，来帮助单糖分解成酒精和二氧化碳，还有一些微生物负责分泌一些带有香味的物质，让酒的味道变得更好。

早期人们酿造的酒就像今天的醪糟或者米酒，酒精含量不高，而且比较浑浊。后来人们逐渐掌握了过滤技术，让酒变得更清澈；还利用酒精的沸点比水低的特点，用加热蒸馏的办法提高酒精的含量。

今天，生产酒的技术已经非常发达，同时人们对酒的了解也更多。酒精对人体健康并不好，小朋友们千万不能喝酒。

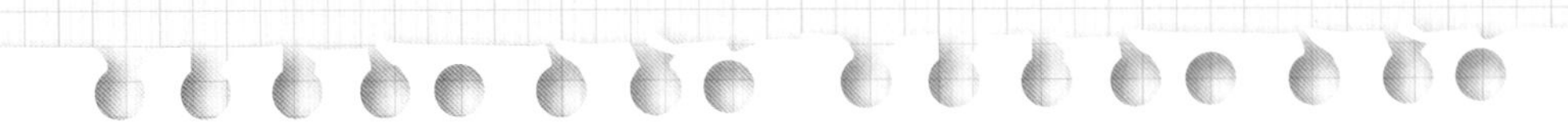

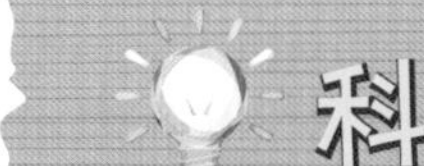

科学思维训练小课堂

① 蜜蜂为什么要跳 8 字型舞蹈？除蜜蜂外，还有什么动物会跳这种舞蹈呢？

② 想一想，水和二氧化碳是如何被植物叶片吸收转化的？

③ 清明属于二十四节气之一，你还知道除本书之外涉及二十四节气的古诗吗？

扫描二维码回复“诗词科学”

即可收听本书音频